SUDOKU
Large Print
Hard Puzzles Adults

Belongs To

....

....

One Puzzle Per Pages

Included Solutions

Have Fun With Puzzles Book

SUDOKU

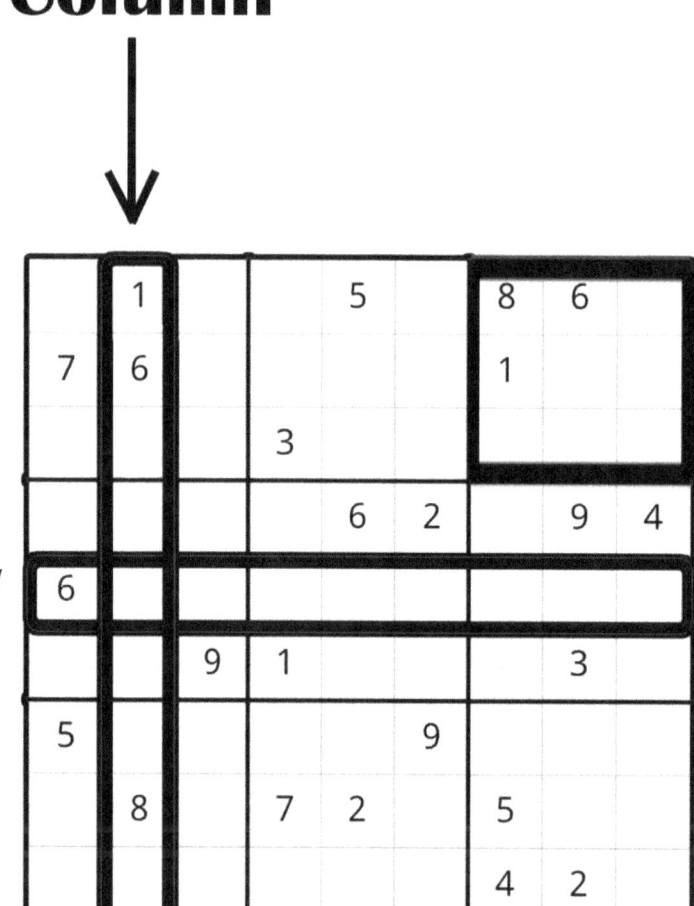

How To Play

every sudoku puzzle involves a 9x9 grid of squares subdivided into 3x3 boxes. every square has to contain a single number. only the number from 1 through to 9 can be used Each 3x3 box can only contain each number from 1 to 9 once Each vertical column can only contain each number from 1 to 9 once Each Horizontal row can only contain each number from 1 to 9 once Once the puzzle is solved this means that every row , column, and 3x3 box will contain every number from 1 to 9 exactly once in other words , no number can be repeated in any 3x3 box, row, or column when you start a new sudoku puzzle , some squares will already be filled with numbers Based on how difficult the puzzle is , these number will 'lock in' specific number to specific squares. that is squares where only one number can go without breaking any rules

Puzzle #1
HARD

	6		8				2	
		4	3					9
					7		4	3
	7					2		
			6		3			1
				2				
	4		7		8		9	
	5						1	7
8			9					6

Puzzle #2
HARD

			3					4
			9	8	7		5	
	1				5			
7	4			1		8		
				7				2
				6	9		3	1
	9	1						5
2							8	
4	3							

Puzzle #3
HARD

					4	3		
	2					6		
	7							
	2						8	
	1	8		2				5
7			1	6				
			8	5			9	
	5						2	6
		6	4			8		

Puzzle #4
HARD

	7				2			
			3	4				
					6	3		8
4				5				3
	1	3						6
	9		4	7			5	
					9			5
							8	
			8			7	6	

Puzzle #5
HARD

					8		5	7
1				4				
	3	9			1			
	8					7		2
4			6					
		5	4		2	3		
	7					8		3
		3	8		4			
		1				2		

Puzzle #6

HARD

						7	8	
	6	8			9	3		
			1		5			9
		6	4	5		1		
	3					8		
	9				6			7
		5		3	2			
	8							
2								4

Puzzle #7
HARD

	7			3			5	
					8	4		
5						8		
1				6				8
	9					1		7
	3	6		9				
	6	7	5		3			4
		9						
3		1	7					

Puzzle #8
HARD

	6			8				
							1	
			7	1			4	2
	2		5					9
	5			3		2		
	7			6				
	8	1						
4					9		3	
3							7	8

Puzzle #9

HARD

				4	8		9	
3							2	5
	2		3	1		7		
	8			5				6
		7						
			1		6	3		
			8					
5					4	6		

Puzzle #10

HARD

			9		1			2
	6	5	2					
							7	
		2				4		
				4		5		9
9				7		2	8	
		6			9			5
		9	5	2				4
		7			8			

Puzzle #11
HARD

2	8		1	3				
		4			9			
	1	3	8					
				5	4		6	
	9			1		3	2	
		8				4		
	6				3			7
		1		9		2		
						8		

Puzzle #12

HARD

		7	2					5
6		8						
			7		4			
	3						1	
8			9				3	
			1			7		2
9				7	2			
							5	1
	6		5					4

Puzzle #13
HARD

	4	9						
	6					5	1	
	5				3	7		
	7		1	2				8
		9				4		
	3						5	
1			8				4	
		5		4				
		3		6		9		

Puzzle #14
HARD

	3			1	7			5
	6						7	
		5	9					
5			6			8	4	
	4	1						
7			1				3	2
		8		5		9		
6							1	
2								

Puzzle #15

HARD

				9		5		
				7	3	6		
4						1	2	
		9			5			
1	2						3	
	7						1	
7				8				
	1			2	9	3		
	5	4						2

Puzzle #16

HARD

5					7			
			5	1	4			
2	9							7
6								
			3		5			9
						1	2	3
	4			9				6
					2		4	
		5	8			2		

Puzzle #17
HARD

7		3			5			1
			9		2			5
	8		7					4
				1				
	7	1				8		9
		5					7	
2			4					8
	9			7		6		
	3							

Puzzle #18

HARD

9		3			6			
			4					
7						4		2
						6		
	1	7	8		5		4	
		9			1			
				1	2		5	
	8			5		9		3
1				3				

Puzzle #19
HARD

	3		6				4	
							1	
	7				5	8	9	
	2				3	1		
4			5					
	5			7	4	6		
	9	5						8
	8				2			9
			8	4				

Puzzle #20
HARD

	9				8			
		2					1	5
6	3							2
9			2	4				
				7	6	2		
							7	4
	6			8				
	7		9		4			
4		8				1		6

Puzzle #21

HARD

		5		3		8		
	4							1
8	6	7	5					
		6					7	
						2		
	3			2	6			
5			7		4		3	
		9	8			5	4	
								9

Puzzle #22
HARD

	1			5		8	6	
7	6					1		
			3					
				6	2		9	4
6								
		9	1				3	
5					9			
	8		7	2		5		
						4	2	

Puzzle #23

HARD

				6	7	8		
	2		8					3
						4	1	
						1	7	8
1			6			9		
	9		7		5		4	
	7			4			6	2
2						5		
	1		5					

Puzzle #24
HARD

	2						4	
9			1	4				7
		3	9					
		9	6					2
	5		3					6
6			8			5	4	
4		8			3	2		
		5		7				
							7	

Puzzle #25

HARD

			7					5
8	4					6		
	7	9	8	1			3	
		6	9					
4	8						1	
		2	6			5	4	
			2	6				4
2			1	8	4			

Puzzle #26
HARD

2					9			
		3	8					1
9	5	7		4		3		
				6				7
5								3
							9	
8			7					9
3				5	1		4	
		4		6				

Puzzle #27

HARD

	9			7	5	2		
6				4	9		8	
3		8	2					9
					1			
		3		5				
1	6				7			
						7	6	
					4			8
9	4			8				3

Puzzle #28
HARD

	6			8			7	5
					9			
				2		4		
3							6	2
	5	6			8			
		4		9				
4					7		1	6
	2				4			8
					5		4	

Puzzle #29
HARD

	4			9	3			
		9					7	
	2	1	8			6	4	
	6							
			7			5		3
9			3		2	1		
			2					1
				3				7
5		6	9					2

Puzzle #30

HARD

		1		2				
	5			3				7
7		2			4		6	
				8	3		7	
						5		
		9	7				2	8
								2
	3				5		1	
		7		4	6	3		

Puzzle #31
HARD

							7	1
		9	2	4			5	8
8	1							
	8			1				7
2	3			5				
							9	
	5		9			7		
	7	2			3		4	
1							3	

Puzzle #32

HARD

					7			
4		6					2	
3	8	1		6				
		2	6				7	4
	5							
				4				6
		1		7				
			1			9	8	
8			4				3	9

Puzzle #33

HARD

3			9					6
			3	8		5		2
	7			4				1
				6		4		5
7	1	3						
			7					
	2		4				6	
6		4						9

Puzzle #34

HARD

	8				6			5
6			4				1	
		3		7	9			
			9		3			4
			6	8				
					7	3	8	
5	9							
3	6	7				8		
							2	

Puzzle #35

HARD

		5					1	8
6				7	1	4	2	
	2		8			5	6	
3				4				
				2			3	9
9	1							
	4				3			
			9				5	
		8			2			

Puzzle #36

HARD

9				4	6			1
		2			7	4	6	
		3						
	5	4						
2							1	3
				6		8		
	3				8		7	
				9	1		4	
	9		7	5			8	

Puzzle #37

HARD

		6	8				5	3
9			6					
5							4	
			3		6	7		
		1				3		6
			5					8
		5		1	2			
7	6						4	
		9				8		

Puzzle #38

HARD

8	6							
5			3					
		1			9	2		
		2						
				4		5	8	6
3			9					1
					1	9		7
	5							
		8				1	6	2

Puzzle #39
HARD

		5			9			
			8					
				5	3		6	8
7						8		
	5			4	2	9		1
			1		8			2
	9	8			4			
	1						7	3

Puzzle #40
HARD

	4	6		7			9	3
	9							
1		3					7	
			3		8	5		
7				6				
5		1	4				6	3
				1	2		6	
					9		2	
			8					

Puzzle #41
HARD

					5			
7				2			6	
4	2					1		
	6			7			2	1
							9	
		3		4				6
		4		2				8
	3	4		6		9		
2				5	3			

Puzzle #42
HARD

2										6
				1	2	5				9
	3			6						
	2	9								
7		5				3				
					5			8	7	
						7				8
6		7							9	1
								3		

Puzzle #43
HARD

	9	5		3			4	
				1			8	2
	3			6			1	
9					8			
		2			5	9		3
	8				6		3	
		4				7	5	
			7					

Puzzle #44

HARD

3	9							1
			2					
6					1	2		4
		1			2		6	
			5		3	4		
				4			8	
2				6				
9		8						
					4		7	6

Puzzle #45

HARD

7					8			
		1		2				
3			6					2
		3		9				7
	7				4			
		2	8	1		4		
6	9	4			1			
		8					4	
				6	9			

Puzzle #46

HARD

			2	8				7
	8			7			1	
						9		
	7			6			3	1
1			4					
							4	
	4	3					5	
	8				2	7		
	5			9				

Puzzle #47

HARD

			6	8	4		1	
				2			7	4
	8							5
	5					9		
		7						
		6	9		3			
	4						9	
5				1		3		2
3	6	8						7

Puzzle #48
HARD

	5						3	6
		8	1		2		7	
3								
	6	1	3					
9		7	8	2			1	
							7	9
			2	4				8
2	4			8				9

Puzzle #49
HARD

							9	
			6			7		5
1					8			
	8	9	2	6			7	
				7		8		
5		7						6
7			8		5	3		
	3		7				2	
		4						

Puzzle #50
HARD

		8					7	9
			7		5			
			4	3		2		
7			6	1				2
4		1			7	9		
8	2							
9		5	1					7
					4	5		

Puzzle #51
HARD

		6			8			9
4	5	8		1				6
				7			1	
9								
	8		6					5
7							4	
6				4				
	3						8	1
			9	7				3

Puzzle #52
HARD

	5	7	8			6		
				9		8		
	3			4				
			5			2		
6		8		1				7
		5					3	
4			2		6			
	1				9			
				7	4	9	2	

Puzzle #53

HARD

			1					
5								
		4		6		1		7
	9				4	2	6	
							2	
	2		3	5				
	1		4				8	6
	4	7						9
		6	5					1

Puzzle #54

HARD

		3		5		6		
					3			2
7		4				1		
							9	3
	8		7					
		9		3	1	7	4	
		7	9	6		5		
		2			8			
5								

Puzzle #55
HARD

					1	6		
8				9				
	7							3
6			9		3	4		5
3		5		7				8
		9		8		1	2	
4			7					
							4	

Puzzle #56

HARD

5		4						
	1							7
					3			
	4		2		5		6	1
8				9		2		
2			6				3	
	6				1	8		5
	5				2			4

Puzzle #57
HARD

	1						9	
	7	5	4					8
4							7	2
9		7	6					
		8		4	5		2	
		1			3	9		
			2			6	5	
		2	7	3			8	

Puzzle #58
HARD

	4						7	
3				9				
	6		8		2			
		1		8				6
			9	3			8	
			2		7	3		
6			4			1	9	2
	5		3			4		

Puzzle #59

HARD

		8	5			9		
1					4	5		
		4					3	
	3				2			4
				9	8		7	3
	7			4				
		1				3		
6					7			2
	2					6		

Puzzle #60

HARD

	4		1				3	
2							4	6
		5		7				
	9			6				1
		8	5					
	3			9		8		
	7					1		9
							8	4
			6	5				

Puzzle #61

HARD

		7						
3	8		9		2		4	
	2		5					7
	7			2	5			
	6				8		9	
8				4				
	1				3		6	
			8				2	4
7			2	6		3		

Puzzle #62
HARD

6		7	1	4				
		5						6
2	3		8					
	1							
							8	
		6		9		7	4	5
			4		3	1		
7						2		
			6	2			9	8

Puzzle #63
HARD

			1		6	3		5
	4						9	
2			9			8		6
	9		2					
7				3	1			
		2	6	4				
6								
		5					2	1
						7	8	

Puzzle #64

HARD

6			1				8	3
7			2					
	9							6
1								9
	8				7	5		2
	5						6	
				9	5	3		
		4			2			
8				6	3			

Puzzle #65
HARD

		3			2			
	2		7		1			
		9					7	
7				3			4	
		1		8	5		9	
		5		6				2
			5	2		8		
					3		1	
4					8			

Puzzle #66

HARD

	7	4			5			1
	8			7				4
3						6		2
	2		5		4		9	
9					8		5	
		3	8		9		7	
	1				7			
		8						

Puzzle #67
HARD

	1							
5					1	7		
		6						8
	6				7	2	8	
	4			1	6			
	2		9			4		
		9					6	
			3		8		7	
				2		1		

Puzzle #68

HARD

		1		6	9	7		
					3			
							6	1
			9	4				
4	3	2		5	7			
7	8		6					
	1					3		
8	5	7						2
3				1	5		9	

Puzzle #69

HARD

			ced		4		5	7	2
	4		9						8
			1						
6							3	5	
3					6				1
		8							
			6	5					
	5							2	
1			4	9	3		7		

Puzzle #70
HARD

	1						3	
2		5		1				
	8							2
								6
9			3		8			5
6					1	7		
	3						8	
				8			4	
	9	1	5		2			

Puzzle #71
HARD

	3	4					7	2
6		2	3			4		
		3			1	8		9
	8	9	4			3		
1				9	6			3
	5	6		3				
				7			2	

Puzzle #72

HARD

2	5			7			3	
7					9	4	2	
					5		1	6
	4			8		3		
	2		4				7	9
6		1						
			7			1		
4	6							
		5		2				

Puzzle #73
HARD

	8		1	2		5		
			3		5		8	
						6		
3		1		9				7
		2	6		8		4	
6								3
4	5				1	7		
			4	7				

Puzzle #74
HARD

	6	5	1			3		
4		3		7				
			2				7	
								5
	1	7			3			8
			8		9			3
					1			
	8	1		4			5	
	4			6		2		

Puzzle #75

HARD

		5	7					6
4		6			2			
							4	
	3		5		6	8		
				4		2		
			3					7
	2	1				5		
				5		4		3
9			6				8	

Puzzle #76
HARD

	2		1				4	
3			5					
5		9	8		3			
	3			4	9		5	
	4					3	2	
								8
6						2		7
	1	7						
						8	6	

Puzzle #77

HARD

6			7			3		
1					4	9		
			8	3		2		7
		1			7			
	8		6		9			3
	9		3				8	
8	3					6		
		7					4	
	6							

Puzzle #78
HARD

		4					7	
8			6			1		
			7		8		6	
2				9		4		
6			1			3		8
	8							
		8	9		7			
4	1	7				2		
	5		4					

Puzzle #79
HARD

	8						1	
								8
		1	7	8			9	
7				9		2	4	
		6		1	3	9		
	1			5		6	3	
		7	9	2		1		
	5	2						

Puzzle #80
HARD

	1							3
6				3	7		8	
2							9	
						8	5	
3	5						6	
			4		9			
		3	9					
5		8		4	2	3		
9					3		2	6

Puzzle #81
HARD

	1						9	2
3				6				
	2		7	3	1			5
8							4	
				4			2	
		3			7			9
			9		6			
		7		4	8		6	1
5								

Puzzle #82

HARD

				9		1	5	
7								
4			2					
		2	7	6		9		
		4						
	8						7	
	6					8	2	4
	1		9					8
					5			9
	2		6		8	5		

Puzzle #83
HARD

				5	4	9		
	3			8			7	6
	6				9			
		9				2	8	
					5			9
	2	7						
		8	3				5	
	5							
7						1		

Puzzle #84

HARD

5								
7					1		5	
		6					4	8
				8			5	
				9	5			
	6		4	3				7
2	7		9					8
		4	1				7	3
	1					6		

Puzzle #85
HARD

			8	6		1	7	
	9		5					
2			3					8
8			1			6		
	1						5	
7		2	5					
1	5				2			
			6			9		
3						7	1	

Puzzle #86

HARD

								6
9	8	6		4				7
	5					3		
3			2					
			6	9			1	2
					8			
	4						6	
				1		4		
7		2	9					

Puzzle #87
HARD

								4
	4				6		3	
	6		9	8				
3			7		2			
4					3	1		8
	1	6						
	3			9	1			
							9	7
		8		2			5	

Puzzle #88

HARD

	9			1	3		5	
		8	2				1	
2	7				4			
					6		2	
9	2	7	8					3
3	1							
				5			8	4
			4	9				

Puzzle #89
HARD

				1				
5	6	8		2			1	
	9	1		5		6		2
				3			7	
	8				1			
		9	8			4		
		5			6			
						3	9	5
	1				4		2	

Puzzle #90

HARD

								1
		7	4					
9	5	2		7	8	6		
3	6					9		
			8					
	4			3				7
		4					5	
1			6		2		3	8

Puzzle #91

HARD

	9			7		8		
		6	2			3		
	8				4			
4				9		2	1	
6			3					
					6		7	
					1	9		2
	3					7		
2			5	4		1		

Puzzle #92
HARD

7				4				2
		6		5		7		
1		2			3			
					5			
	6					1		9
			9	3		2		
2			6				8	
		3					6	
	9			8				5

Puzzle #93

HARD

9							2	
			5		1		8	9
6	3							5
				1		8		
		1				7		
8	2		7				9	
					4			
	5	4		3				
		3				5		4

Puzzle #94

HARD

					5	8		9
							5	
			6	2				1
8	9					3	7	
	3	6	8			2		
7			9	5				6
		3		7	2			
	6							
	4			6			3	

Puzzle #95
HARD

			5		9			
							6	
9		7						4
	3					9		
	8		2	4		7		
4				5		2		
				1	4			
7	6	5		9				
			7				2	

Puzzle #96
HARD

					1			
				2				5
		7				9	6	
4		6						
5			8					
7			6	3		8	2	
	5	2					1	
	3				8		7	
1				4	6		5	

Puzzle #97
HARD

								9
3	2							
		4		5	1		7	3
	9			7				
		5			8	4		6
					6			
9						7		
	1		3				4	
2		8		4			1	

Puzzle #98

HARD

					8	5		
	7			5	9	2	8	
		3						9
		1	5					
	4					6		7
		9		3		8		
		7		9	5			
8						9		
			2	8	1	6		

Puzzle #99
HARD

2	7						9	
	3				6			8
	1						4	
	5			9		1		
7		8			4		2	
	2						3	
			6	3				2
			7					
		1		2			7	

Puzzle #100
HARD

		2	8	1		5		
								6
	3							
1			9				6	4
	5	4			3			
9								1
3	2	9						
		7			6		4	
				5				8

Puzzle # 1

9	6	3	8	4	1	7	2	5
7	2	4	3	6	5	1	8	9
5	1	8	2	9	7	6	4	3
1	3	7	5	8	9	2	6	4
4	8	2	6	7	3	9	5	1
6	9	5	1	2	4	3	7	8
3	4	6	7	1	8	5	9	2
2	5	9	4	3	6	8	1	7
8	7	1	9	5	2	4	3	6

Puzzle # 2

9	5	8	3	2	1	6	7	4
6	2	4	9	8	7	1	5	3
3	1	7	6	4	5	2	9	8
7	4	3	5	1	2	8	6	9
1	6	9	8	7	3	5	4	2
5	8	2	4	6	9	7	3	1
8	9	1	7	3	6	4	2	5
2	7	5	1	9	4	3	8	6
4	3	6	2	5	8	9	1	7

Puzzle # 3

5	6	9	2	1	4	3	7	8
1	8	2	5	3	7	6	4	9
3	7	4	6	8	9	5	1	2
6	2	3	9	4	5	1	8	7
4	1	8	7	2	3	9	6	5
7	9	5	1	6	8	2	3	4
2	4	1	8	5	6	7	9	3
8	5	7	3	9	1	4	2	6
9	3	6	4	7	2	8	5	1

Puzzle # 4

3	7	6	1	8	2	5	4	9
8	2	9	3	4	5	6	1	7
1	5	4	7	9	6	3	2	8
4	8	7	6	5	1	2	9	3
5	1	3	9	2	8	4	7	6
6	9	2	4	7	3	8	5	1
7	4	8	2	6	9	1	3	5
2	6	1	5	3	7	9	8	4
9	3	5	8	1	4	7	6	2

Puzzle # 5

6	4	2	3	9	8	1	5	7
1	5	8	2	4	7	6	3	9
7	3	9	5	6	1	4	2	8
3	8	6	1	5	9	7	4	2
4	2	7	6	8	3	5	9	1
9	1	5	4	7	2	3	8	6
5	7	4	9	2	6	8	1	3
2	6	3	8	1	4	9	7	5
8	9	1	7	3	5	2	6	4

Puzzle # 6

9	5	2	6	4	3	7	8	1
1	6	8	2	7	9	3	4	5
3	4	7	1	8	5	2	6	9
7	2	6	4	5	8	1	9	3
5	3	4	7	9	1	8	2	6
8	9	1	3	2	6	4	5	7
4	7	5	9	3	2	6	1	8
6	8	3	5	1	4	9	7	2
2	1	9	8	6	7	5	3	4

Puzzle # 7

8	7	4	2	3	9	6	5	1
6	9	2	1	5	8	4	7	3
5	1	3	6	4	7	8	2	9
1	2	5	4	7	6	3	9	8
4	8	9	3	2	5	1	6	7
7	3	6	8	9	1	5	4	2
9	6	7	5	8	3	2	1	4
2	5	8	9	1	4	7	3	6
3	4	1	7	6	2	9	8	5

Puzzle # 8

1	6	4	2	8	5	3	9	7
2	7	8	3	9	4	1	6	5
5	3	9	7	1	6	8	4	2
6	2	3	5	4	8	7	1	9
9	4	5	1	3	7	2	8	6
8	1	7	9	6	2	4	5	3
7	8	1	6	5	3	9	2	4
4	5	2	8	7	9	6	3	1
3	9	6	4	2	1	5	7	8

Puzzle # 9

2	5	6	7	4	8	1	9	3
9	1	4	5	2	3	8	6	7
3	7	8	9	6	1	2	5	4
6	2	5	3	1	9	7	4	8
1	8	3	4	5	7	9	2	6
4	9	7	6	8	2	5	3	1
8	4	2	1	9	6	3	7	5
7	6	9	8	3	5	4	1	2
5	3	1	2	7	4	6	8	9

Puzzle # 10

7	8	4	9	6	1	3	5	2
3	6	5	2	8	7	9	4	1
2	9	1	3	5	4	6	7	8
1	5	2	8	9	6	4	3	7
6	7	8	4	3	2	5	1	9
9	4	3	1	7	5	2	8	6
4	3	6	7	1	9	8	2	5
8	1	9	5	2	3	7	6	4
5	2	7	6	4	8	1	9	3

Puzzle # 11

2	8	9	1	3	6	7	5	4
6	5	4	2	7	9	1	8	3
7	1	3	8	4	5	6	9	2
1	2	7	3	5	4	9	6	8
4	9	6	7	1	8	3	2	5
5	3	8	9	6	2	4	7	1
9	6	2	4	8	3	5	1	7
8	4	1	5	9	7	2	3	6
3	7	5	6	2	1	8	4	9

Puzzle # 12

1	3	7	8	2	9	6	4	5
6	4	8	3	1	5	2	9	7
2	5	9	7	6	4	1	8	3
5	7	3	2	4	6	8	1	9
8	2	1	9	5	7	4	3	6
4	9	6	1	3	8	7	5	2
9	1	5	4	7	2	3	6	8
7	8	4	6	9	3	5	2	1
3	6	2	5	8	1	9	7	4

Puzzle # 13

2	1	4	9	7	5	8	6	3
3	6	7	4	8	2	5	1	9
9	5	8	6	1	3	7	2	4
5	7	6	1	2	4	3	9	8
8	2	9	3	5	6	4	7	1
4	3	1	7	9	8	2	5	6
1	9	2	8	3	7	6	4	5
6	8	5	2	4	9	1	3	7
7	4	3	5	6	1	9	8	2

Puzzle # 14

9	3	2	8	1	7	4	6	5
1	6	4	2	3	5	7	8	9
8	7	5	9	4	6	1	2	3
5	2	9	6	7	3	8	4	1
3	4	1	5	2	8	6	9	7
7	8	6	1	9	4	5	3	2
4	1	8	3	5	2	9	7	6
6	5	3	7	8	9	2	1	4
2	9	7	4	6	1	3	5	8

Puzzle # 15

2	6	3	4	9	1	5	7	8
5	8	1	2	7	3	6	9	4
4	9	7	8	5	6	1	2	3
3	4	9	7	1	5	2	8	6
1	2	6	9	4	8	7	3	5
8	7	5	3	6	2	4	1	9
7	3	2	6	8	4	9	5	1
6	1	8	5	2	9	3	4	7
9	5	4	1	3	7	8	6	2

Puzzle # 16

5	1	6	9	2	7	3	8	4
3	8	7	5	1	4	6	9	2
2	9	4	6	3	8	5	1	7
6	3	9	2	8	1	4	7	5
4	2	1	3	7	5	8	6	9
7	5	8	4	6	9	1	2	3
8	4	2	1	9	3	7	5	6
1	6	3	7	5	2	9	4	8
9	7	5	8	4	6	2	3	1

Puzzle # 17

7	2	3	6	4	5	9	8	1
6	1	4	9	8	2	7	3	5
5	8	9	7	3	1	2	6	4
9	6	2	8	1	7	5	4	3
3	7	1	5	6	4	8	2	9
8	4	5	3	2	9	1	7	6
2	5	7	4	9	6	3	1	8
4	9	8	1	7	3	6	5	2
1	3	6	2	5	8	4	9	7

Puzzle # 18

9	4	3	5	2	6	1	8	7
8	2	1	4	9	7	5	3	6
7	5	6	1	8	3	4	9	2
5	3	8	2	4	9	6	7	1
2	1	7	8	6	5	3	4	9
4	6	9	3	7	1	8	2	5
3	9	4	6	1	2	7	5	8
6	8	2	7	5	4	9	1	3
1	7	5	9	3	8	2	6	4

Puzzle # 19

8	9	3	7	6	1	2	4	5
2	5	4	3	9	8	7	1	6
1	6	7	4	2	5	8	9	3
7	2	6	9	8	3	1	5	4
4	1	8	2	5	6	9	3	7
9	3	5	1	7	4	6	8	2
6	4	9	5	1	7	3	2	8
5	8	1	6	3	2	4	7	9
3	7	2	8	4	9	5	6	1

Puzzle # 20

7	9	1	5	2	8	3	6	4
8	4	2	6	3	7	9	1	5
6	3	5	4	1	9	8	7	2
9	5	7	2	4	1	6	8	3
3	1	4	8	7	6	2	5	9
2	8	6	3	9	5	7	4	1
5	6	9	1	8	2	4	3	7
1	7	3	9	6	4	5	2	8
4	2	8	7	5	3	1	9	6

Puzzle # 21

1	9	5	4	3	2	8	6	7
2	4	3	6	7	8	9	5	1
8	6	7	5	1	9	3	2	4
4	2	6	9	8	5	1	7	3
9	5	1	3	4	7	2	8	6
7	3	8	1	2	6	4	9	5
5	1	2	7	9	4	6	3	8
3	7	9	8	6	1	5	4	2
6	8	4	2	5	3	7	1	9

Puzzle # 22

9	1	2	4	5	7	8	6	3
7	6	3	2	9	8	1	4	5
8	5	4	3	1	6	9	7	2
1	3	5	8	6	2	7	9	4
6	7	8	9	3	4	2	5	1
2	4	9	1	7	5	6	3	8
5	2	1	6	4	9	3	8	7
4	8	6	7	2	3	5	1	9
3	9	7	5	8	1	4	2	6

Puzzle # 23

4	3	5	1	6	7	8	2	9
7	2	1	8	9	4	6	5	3
9	8	6	2	5	3	4	1	7
6	5	2	4	3	9	1	7	8
1	4	7	6	8	2	9	3	5
8	9	3	7	1	5	2	4	6
5	7	8	9	4	1	3	6	2
2	6	4	3	7	8	5	9	1
3	1	9	5	2	6	7	8	4

Puzzle # 24

5	2	1	7	3	8	4	6	9
9	8	6	1	4	5	3	2	7
7	4	3	9	2	6	1	5	8
8	3	9	6	5	4	7	1	2
2	5	4	3	1	7	9	8	6
6	1	7	8	9	2	5	4	3
4	7	8	5	6	3	2	9	1
1	6	5	2	7	9	8	3	4
3	9	2	4	8	1	6	7	5

Puzzle # 25

3	2	1	4	7	6	8	9	5
8	4	5	3	2	9	6	7	1
6	7	9	8	1	5	4	3	2
5	1	6	9	4	8	7	2	3
4	8	3	7	5	2	9	1	6
7	9	2	6	3	1	5	4	8
9	3	8	2	6	7	1	5	4
1	6	4	5	9	3	2	8	7
2	5	7	1	8	4	3	6	9

Puzzle # 26

2	8	1	5	3	9	4	7	6
4	6	3	8	7	2	5	9	1
9	5	7	1	4	6	3	8	2
1	9	4	3	6	5	8	2	7
5	7	2	4	9	8	1	6	3
6	3	8	2	1	7	9	5	4
8	1	5	7	2	4	6	3	9
3	2	6	9	5	1	7	4	8
7	4	9	6	8	3	2	1	5

Puzzle # 27

4	9	1	8	7	5	2	3	6
6	2	7	3	4	9	1	8	5
3	5	8	2	1	6	4	9	7
5	8	4	6	2	1	3	7	9
2	7	3	9	5	8	6	4	1
1	6	9	4	3	7	8	5	2
8	1	2	5	9	3	7	6	4
7	3	5	1	6	4	9	2	8
9	4	6	7	8	2	5	1	3

Puzzle # 28

1	6	2	4	8	3	9	7	5
7	4	8	1	5	9	6	2	3
9	3	5	7	2	6	4	8	1
3	9	7	5	4	1	8	6	2
2	5	6	3	7	8	1	9	4
8	1	4	6	9	2	3	5	7
4	8	9	2	3	7	5	1	6
5	2	1	9	6	4	7	3	8
6	7	3	8	1	5	2	4	9

Puzzle # 29

8	4	7	6	9	3	2	1	5
6	5	9	4	2	1	7	3	8
3	2	1	8	7	5	6	4	9
7	6	3	1	5	9	8	2	4
2	1	4	7	8	6	5	9	3
9	8	5	3	4	2	1	7	6
4	3	8	2	6	7	9	5	1
1	9	2	5	3	8	4	6	7
5	7	6	9	1	4	3	8	2

Puzzle # 30

3	8	1	6	2	7	9	5	4
4	5	6	1	3	9	2	8	7
7	9	2	8	5	4	1	6	3
6	2	9	5	8	3	4	7	1
1	7	8	4	6	2	5	3	9
5	4	3	9	7	1	6	2	8
9	6	5	3	1	8	7	4	2
2	3	4	7	9	5	8	1	6
8	1	7	2	4	6	3	9	5

Puzzle # 31

4	2	5	8	3	7	1	6	9
7	6	9	2	4	1	3	5	8
8	1	3	5	9	6	4	7	2
9	8	6	3	1	4	5	2	7
2	3	7	6	5	9	8	1	4
5	4	1	7	2	8	6	9	3
3	5	4	9	6	2	7	8	1
6	7	2	1	8	3	9	4	5
1	9	8	4	7	5	2	3	6

Puzzle # 32

5	2	9	3	1	7	6	8	4
4	7	6	5	9	8	2	1	3
3	8	1	2	6	4	9	5	7
1	9	2	6	5	3	7	4	8
6	5	4	7	8	2	1	3	9
7	3	8	9	4	1	5	6	2
9	1	3	8	7	6	4	2	5
2	4	5	1	3	9	8	7	6
8	6	7	4	2	5	3	9	1

Puzzle # 33

3	5	1	9	7	2	8	4	6
4	6	9	3	8	1	5	7	2
2	7	8	6	4	5	3	9	1
9	8	2	1	6	7	4	3	5
5	4	6	8	2	3	9	1	7
7	1	3	5	9	4	6	2	8
1	9	5	7	3	6	2	8	4
8	2	7	4	5	9	1	6	3
6	3	4	2	1	8	7	5	9

Puzzle # 34

1	8	4	3	2	6	7	9	5
6	7	9	4	5	8	2	1	3
2	5	3	1	7	9	6	4	8
7	2	8	9	1	3	5	6	4
4	3	5	6	8	2	1	7	9
9	1	6	5	4	7	3	8	2
5	9	2	8	6	1	4	3	7
3	6	7	2	9	4	8	5	1
8	4	1	7	3	5	9	2	6

Puzzle # 35

4	7	5	3	2	6	9	1	8
6	8	9	5	7	1	4	2	3
1	2	3	8	9	4	5	6	7
3	5	2	7	4	9	1	8	6
8	6	4	2	1	5	7	3	9
9	1	7	6	3	8	2	4	5
7	4	6	1	5	3	8	9	2
2	3	1	9	8	7	6	5	4
5	9	8	4	6	2	3	7	1

Puzzle # 36

9	8	7	5	4	6	2	3	1
5	1	2	9	3	7	4	6	8
6	4	3	8	1	2	5	9	7
8	5	4	1	7	3	9	2	6
2	6	9	4	8	5	7	1	3
3	7	1	6	2	9	8	5	4
4	3	5	2	6	8	1	7	9
7	2	8	3	9	1	6	4	5
1	9	6	7	5	4	3	8	2

Puzzle # 37

1	2	6	8	7	4	5	3	9
9	7	4	6	5	3	2	8	1
5	8	3	1	2	9	4	6	7
2	5	8	3	9	6	7	1	4
4	9	1	2	8	7	3	5	6
6	3	7	5	4	1	9	2	8
8	4	5	7	1	2	6	9	3
7	6	2	9	3	8	1	4	5
3	1	9	4	6	5	8	7	2

Puzzle # 38

8	6	3	1	2	4	7	9	5
5	2	9	3	8	7	6	1	4
4	7	1	6	5	9	2	3	8
6	4	2	5	1	8	3	7	9
9	1	7	2	4	3	5	8	6
3	8	5	9	7	6	4	2	1
2	3	4	8	6	1	9	5	7
1	5	6	7	9	2	8	4	3
7	9	8	4	3	5	1	6	2

Puzzle # 39

4	8	5	6	1	9	3	2	7
1	6	3	8	2	7	5	9	4
2	7	9	4	5	3	1	6	8
7	2	1	3	9	5	8	4	6
8	5	6	7	4	2	9	3	1
9	3	4	1	6	8	7	5	2
3	9	8	2	7	4	6	1	5
6	4	7	5	3	1	2	8	9
5	1	2	9	8	6	4	7	3

Puzzle # 40

8	4	6	2	7	5	1	9	3
2	9	7	1	3	6	4	8	5
1	5	3	9	8	4	2	7	6
4	6	9	3	2	8	5	1	7
7	3	8	5	6	1	9	4	2
5	2	1	4	9	7	6	3	8
9	8	5	7	1	2	3	6	4
3	7	4	6	5	9	8	2	1
6	1	2	8	4	3	7	5	9

Puzzle # 41

3	8	1	6	4	5	2	7	9
7	5	9	8	2	1	3	6	4
4	2	6	9	3	7	1	8	5
8	6	3	5	7	9	4	2	1
1	4	5	2	8	6	7	9	3
9	7	2	3	1	4	8	5	6
6	1	7	4	9	2	5	3	8
5	3	4	7	6	8	9	1	2
2	9	8	1	5	3	6	4	7

Puzzle # 42

2	5	1	3	4	9	7	8	6
8	7	6	1	2	5	4	3	9
9	3	4	6	7	8	2	1	5
4	2	9	7	8	6	1	5	3
7	8	5	2	1	3	9	6	4
1	6	3	9	5	4	8	7	2
3	1	2	5	9	7	6	4	8
6	4	7	8	3	2	5	9	1
5	9	8	4	6	1	3	2	7

Puzzle # 43

8	9	5	6	3	2	4	7	1
1	2	6	8	4	7	3	9	5
7	4	3	5	1	9	8	6	2
5	3	8	9	6	4	2	1	7
9	7	1	3	2	8	5	4	6
4	6	2	1	7	5	9	8	3
2	8	7	4	5	6	1	3	9
6	1	4	2	9	3	7	5	8
3	5	9	7	8	1	6	2	4

Puzzle # 44

3	9	2	4	8	6	7	5	1
7	1	4	2	5	9	6	3	8
6	8	5	7	3	1	2	9	4
4	3	1	8	9	2	5	6	7
8	7	6	5	1	3	4	2	9
5	2	9	6	4	7	1	8	3
2	4	7	3	6	8	9	1	5
9	6	8	1	7	5	3	4	2
1	5	3	9	2	4	8	7	6

Puzzle # 45

7	2	6	1	4	8	5	3	9
5	8	1	9	2	3	7	6	4
3	4	9	6	7	5	1	8	2
4	1	3	5	9	6	8	2	7
8	7	5	2	3	4	6	9	1
9	6	2	8	1	7	4	5	3
6	9	4	3	8	1	2	7	5
1	3	8	7	5	2	9	4	6
2	5	7	4	6	9	3	1	8

Puzzle # 46

3	1	9	2	8	5	4	6	7
2	6	8	9	7	4	3	1	5
5	7	4	1	3	6	9	2	8
4	9	7	5	6	8	2	3	1
1	2	5	4	9	3	8	7	6
8	3	6	7	2	1	5	4	9
9	4	3	8	1	7	6	5	2
6	8	1	3	5	2	7	9	4
7	5	2	6	4	9	1	8	3

Puzzle # 47

7	3	5	6	8	4	2	1	9
6	9	1	3	2	5	8	7	4
2	8	4	7	9	1	6	3	5
8	5	3	4	7	2	9	6	1
9	1	7	5	6	8	4	2	3
4	2	6	9	1	3	7	5	8
1	4	2	8	3	7	5	9	6
5	7	9	1	4	6	3	8	2
3	6	8	2	5	9	1	4	7

Puzzle # 48

1	5	2	7	9	4	8	3	6
6	9	8	1	3	2	4	7	5
3	7	4	6	5	8	9	2	1
4	6	1	3	7	9	5	8	2
9	3	7	8	2	5	6	1	4
8	2	5	4	6	1	7	9	3
7	1	9	2	4	6	3	5	8
5	8	6	9	1	3	2	4	7
2	4	3	5	8	7	1	6	9

Puzzle # 49

6	5	8	4	3	7	1	9	2
4	9	3	6	1	2	7	8	5
1	7	2	9	5	8	4	6	3
3	8	9	2	6	4	5	7	1
2	6	1	5	7	3	8	4	9
5	4	7	1	8	9	2	3	6
7	2	6	8	9	5	3	1	4
9	3	5	7	4	1	6	2	8
8	1	4	3	2	6	9	5	7

Puzzle # 50

3	5	8	2	6	1	7	9	4
2	1	4	7	9	5	8	6	3
6	7	9	4	3	8	2	5	1
7	8	3	6	1	9	4	2	5
4	6	1	5	2	7	9	3	8
5	9	2	8	4	3	6	1	7
8	2	7	3	5	6	1	4	9
9	4	5	1	8	2	3	7	6
1	3	6	9	7	4	5	8	2

Puzzle # 51

1	7	6	5	2	8	3	9	4
4	5	8	3	1	9	7	6	2
3	9	2	4	7	6	1	5	8
9	4	5	1	8	7	2	3	6
2	8	1	6	3	4	9	7	5
7	6	3	2	9	5	4	8	1
6	1	7	8	4	3	5	2	9
5	3	4	9	6	2	8	1	7
8	2	9	7	5	1	6	4	3

Puzzle # 52

9	5	7	8	3	1	6	4	2
2	6	4	7	9	5	8	1	3
8	3	1	6	4	2	5	7	9
1	4	3	5	6	7	2	9	8
6	2	8	9	1	3	4	5	7
7	9	5	4	2	8	1	3	6
4	7	9	2	5	6	3	8	1
5	1	2	3	8	9	7	6	4
3	8	6	1	7	4	9	2	5

Puzzle # 53

5	6	2	1	9	7	4	3	8
8	3	4	2	6	5	1	9	7
7	9	1	8	3	4	2	6	5
4	7	8	9	1	6	5	2	3
6	2	9	3	5	8	7	1	4
3	1	5	4	7	2	9	8	6
9	5	3	7	8	1	6	4	2
1	4	7	6	2	3	8	5	9
2	8	6	5	4	9	3	7	1

Puzzle # 54

8	2	3	1	5	7	6	9	4
6	1	5	4	9	3	8	7	2
7	9	4	2	8	6	1	3	5
4	7	1	6	2	5	9	8	3
3	8	6	7	4	9	2	5	1
2	5	9	8	3	1	7	4	6
1	3	7	9	6	4	5	2	8
9	4	2	5	1	8	3	6	7
5	6	8	3	7	2	4	1	9

Puzzle # 55

2	9	3	8	5	1	6	7	4
8	4	6	3	9	7	2	5	1
5	7	1	6	4	2	8	9	3
6	8	7	9	2	3	4	1	5
3	2	5	1	7	4	9	6	8
9	1	4	5	6	8	7	3	2
7	3	9	4	8	5	1	2	6
4	5	2	7	1	6	3	8	9
1	6	8	2	3	9	5	4	7

Puzzle # 56

5	3	4	7	6	8	9	1	2
6	1	8	4	2	9	3	5	7
7	9	2	5	1	3	4	8	6
3	4	9	2	8	5	7	6	1
1	2	6	3	4	7	5	9	8
8	7	5	1	9	6	2	4	3
2	8	7	6	5	4	1	3	9
4	6	3	9	7	1	8	2	5
9	5	1	8	3	2	6	7	4

Puzzle # 57

8	1	3	5	2	7	4	9	6
2	7	5	4	6	9	3	1	8
4	9	6	3	8	1	5	7	2
9	4	7	6	1	2	8	3	5
3	6	8	9	4	5	7	2	1
5	2	1	8	7	3	9	6	4
1	3	4	2	9	8	6	5	7
6	5	2	7	3	4	1	8	9
7	8	9	1	5	6	2	4	3

Puzzle # 58

8	4	9	6	1	3	7	2	5
3	1	2	7	9	5	6	4	8
5	6	7	8	4	2	9	3	1
9	3	1	5	8	4	2	7	6
7	2	6	9	3	1	5	8	4
4	8	5	2	6	7	3	1	9
6	7	3	4	5	8	1	9	2
1	5	8	3	2	9	4	6	7
2	9	4	1	7	6	8	5	3

Puzzle # 59

7	6	8	5	2	3	9	4	1
1	9	3	8	7	4	5	2	6
2	5	4	9	1	6	7	3	8
8	3	6	7	5	2	1	9	4
4	1	5	6	9	8	2	7	3
9	7	2	3	4	1	8	6	5
5	4	1	2	6	9	3	8	7
6	8	9	1	3	7	4	5	2
3	2	7	4	8	5	6	1	9

Puzzle # 60

7	4	9	1	8	6	2	3	5
2	8	1	9	3	5	7	4	6
3	6	5	2	7	4	9	1	8
5	9	2	8	6	3	4	7	1
4	7	8	5	2	1	6	9	3
1	3	6	4	9	7	8	5	2
8	5	7	3	4	2	1	6	9
6	2	3	7	1	9	5	8	4
9	1	4	6	5	8	3	2	7

Puzzle # 61

1	4	7	3	8	6	9	5	2
3	8	5	9	7	2	1	4	6
9	2	6	5	4	1	8	3	7
4	7	9	1	2	5	6	8	3
5	6	2	7	3	8	4	9	1
8	3	1	6	9	4	2	7	5
2	1	8	4	5	3	7	6	9
6	9	3	8	1	7	5	2	4
7	5	4	2	6	9	3	1	8

Puzzle # 62

6	8	7	1	4	9	5	3	2
4	9	5	7	3	2	8	1	6
2	3	1	8	5	6	9	7	4
3	1	4	5	7	8	6	2	9
5	7	9	2	6	4	3	8	1
8	2	6	3	9	1	7	4	5
9	6	2	4	8	3	1	5	7
7	4	8	9	1	5	2	6	3
1	5	3	6	2	7	4	9	8

Puzzle # 63

9	7	8	1	2	6	3	4	5
1	4	6	3	8	5	2	9	7
2	5	3	9	7	4	8	1	6
8	9	1	2	5	7	4	6	3
7	6	4	8	3	1	9	5	2
5	3	2	6	4	9	1	7	8
6	2	7	4	1	8	5	3	9
4	8	5	7	9	3	6	2	1
3	1	9	5	6	2	7	8	4

Puzzle # 64

6	4	2	1	5	9	7	8	3
7	1	3	2	8	6	9	5	4
5	9	8	3	7	4	1	2	6
1	2	6	5	3	8	4	7	9
3	8	9	6	4	7	5	1	2
4	5	7	9	2	1	6	3	8
2	6	1	8	9	5	3	4	7
9	3	4	7	1	2	8	6	5
8	7	5	4	6	3	2	9	1

Puzzle # 65

6	7	3	8	4	2	1	5	9
5	2	4	7	9	1	6	3	8
1	8	9	3	5	6	2	7	4
7	6	8	2	3	9	5	4	1
2	3	1	4	8	5	9	6	7
9	4	5	1	6	7	3	8	2
3	1	7	5	2	4	8	9	6
8	9	2	6	7	3	4	1	5
4	5	6	9	1	8	7	2	3

Puzzle # 66

5	3	9	1	4	2	7	6	8
2	7	4	6	8	5	9	3	1
1	8	6	9	7	3	5	2	4
3	4	5	7	9	1	6	8	2
8	2	7	5	6	4	1	9	3
9	6	1	2	3	8	4	5	7
4	5	3	8	1	9	2	7	6
6	1	2	3	5	7	8	4	9
7	9	8	4	2	6	3	1	5

Puzzle # 67

7	1	2	8	9	5	6	3	4
5	8	6	4	3	1	7	2	9
3	9	4	6	7	2	5	1	8
9	6	3	5	4	7	2	8	1
8	4	5	2	1	6	3	9	7
1	2	7	9	8	3	4	5	6
2	7	9	1	5	4	8	6	3
4	5	1	3	6	8	9	7	2
6	3	8	7	2	9	1	4	5

Puzzle # 68

2	4	1	5	6	9	7	8	3
6	7	8	1	2	3	4	5	9
5	9	3	4	7	8	2	6	1
1	6	5	9	4	2	8	3	7
4	3	2	8	5	7	9	1	6
7	8	9	6	3	1	5	2	4
9	1	6	2	8	4	3	7	5
8	5	7	3	9	6	1	4	2
3	2	4	7	1	5	6	9	8

Puzzle # 69

9	6	1	3	4	8	5	7	2
2	4	5	9	6	7	1	3	8
8	7	3	1	2	5	4	9	6
6	2	7	8	1	4	3	5	9
3	9	4	5	7	6	2	8	1
5	1	8	2	3	9	6	4	7
7	3	9	6	5	2	8	1	4
4	5	6	7	8	1	9	2	3
1	8	2	4	9	3	7	6	5

Puzzle # 70

7	1	9	2	8	5	6	3	4
2	6	5	4	1	3	9	7	8
3	8	4	6	9	7	1	5	2
1	5	3	7	2	4	8	9	6
9	2	7	3	6	8	4	1	5
6	4	8	9	5	1	7	2	3
4	3	2	1	7	6	5	8	9
5	7	6	8	3	9	2	4	1
8	9	1	5	4	2	3	6	7

Puzzle # 71

9	3	4	6	5	8	1	7	2
8	1	5	2	4	7	9	3	6
6	7	2	3	1	9	4	8	5
5	4	3	7	2	1	8	6	9
7	6	1	9	8	3	2	5	4
2	8	9	4	6	5	3	1	7
1	2	7	8	9	6	5	4	3
4	5	6	1	3	2	7	9	8
3	9	8	5	7	4	6	2	1

Puzzle # 72

2	5	4	6	7	1	9	3	8
7	1	6	8	3	9	4	2	5
8	3	9	2	4	5	7	1	6
9	4	7	5	8	2	3	6	1
5	2	3	4	1	6	8	7	9
6	8	1	3	9	7	5	4	2
3	9	2	7	6	8	1	5	4
4	6	8	1	5	3	2	9	7
1	7	5	9	2	4	6	8	3

Puzzle # 73

9	8	4	1	2	7	5	3	6
2	3	5	9	8	6	1	7	4
7	1	6	3	4	5	9	8	2
8	4	9	7	3	2	6	5	1
3	6	1	5	9	4	8	2	7
5	7	2	6	1	8	3	4	9
6	2	7	8	5	9	4	1	3
4	5	3	2	6	1	7	9	8
1	9	8	4	7	3	2	6	5

Puzzle # 74

7	6	5	1	9	8	3	4	2
4	2	3	5	7	6	8	1	9
1	9	8	2	3	4	5	7	6
8	3	6	4	2	7	1	9	5
9	1	7	6	5	3	4	2	8
2	5	4	8	1	9	7	6	3
5	7	2	9	8	1	6	3	4
6	8	1	3	4	2	9	5	7
3	4	9	7	6	5	2	8	1

Puzzle # 75

8	9	5	4	7	3	1	2	6
4	1	6	8	9	2	3	7	5
2	7	3	1	6	5	9	4	8
7	3	2	5	1	6	8	9	4
5	6	8	9	4	7	2	3	1
1	4	9	3	2	8	6	5	7
3	2	1	7	8	4	5	6	9
6	8	7	2	5	9	4	1	3
9	5	4	6	3	1	7	8	2

Puzzle # 76

8	2	6	1	9	7	5	4	3
3	7	1	5	2	4	6	8	9
5	4	9	8	6	3	1	7	2
1	8	3	2	4	9	7	5	6
9	6	4	7	5	8	3	2	1
7	5	2	3	1	6	4	9	8
6	9	8	4	3	5	2	1	7
4	1	7	6	8	2	9	3	5
2	3	5	9	7	1	8	6	4

Puzzle # 77

6	2	8	7	9	1	3	5	4
1	7	3	5	2	4	9	6	8
4	5	9	8	3	6	2	1	7
3	4	1	2	8	7	5	9	6
7	8	5	6	1	9	4	2	3
2	9	6	3	4	5	7	8	1
8	3	4	1	5	2	6	7	9
5	1	7	9	6	3	8	4	2
9	6	2	4	7	8	1	3	5

Puzzle # 78

5	6	4	2	3	1	7	8	9
8	7	2	6	5	9	1	3	4
1	9	3	7	4	8	5	6	2
2	3	1	8	9	5	4	7	6
6	4	9	1	7	2	3	5	8
7	8	5	3	6	4	9	2	1
3	2	8	9	1	7	6	4	5
4	1	7	5	8	6	2	9	3
9	5	6	4	2	3	8	1	7

Puzzle # 79

2	8	3	5	4	9	7	1	6
9	7	4	3	6	1	5	2	8
5	6	1	7	8	2	3	9	4
1	9	5	2	7	4	8	6	3
7	3	8	6	9	5	2	4	1
4	2	6	8	1	3	9	5	7
8	1	9	4	5	7	6	3	2
3	4	7	9	2	6	1	8	5
6	5	2	1	3	8	4	7	9

Puzzle # 80

8	1	7	6	9	5	4	3	2
6	9	4	2	3	7	1	8	5
2	3	5	8	1	4	6	9	7
4	7	9	3	2	6	8	5	1
3	5	2	1	7	8	9	6	4
1	8	6	4	5	9	2	7	3
7	2	3	9	6	1	5	4	8
5	6	8	7	4	2	3	1	9
9	4	1	5	8	3	7	2	6

Puzzle # 81

7	1	6	8	5	4	9	2	3
3	8	5	2	6	9	7	1	4
9	2	4	7	3	1	6	8	5
8	5	2	6	9	3	1	4	7
1	7	9	4	8	5	2	3	6
6	4	3	1	2	7	8	5	9
4	3	8	9	1	6	5	7	2
2	9	7	5	4	8	3	6	1
5	6	1	3	7	2	4	9	8

Puzzle # 82

7	3	6	8	9	4	1	5	2
4	9	1	2	5	3	7	8	6
8	5	2	7	6	1	9	4	3
2	7	4	5	8	6	3	9	1
1	8	3	4	2	9	6	7	5
9	6	5	3	1	7	8	2	4
5	1	7	9	3	2	4	6	8
6	4	8	1	7	5	2	3	9
3	2	9	6	4	8	5	1	7

Puzzle # 83

8	7	2	6	5	4	9	3	1
9	3	5	2	8	1	4	7	6
4	6	1	7	3	9	2	8	5
5	1	9	4	7	2	8	6	3
3	8	4	1	6	5	7	2	9
6	2	7	8	9	3	5	1	4
1	9	8	3	4	7	6	5	2
2	5	6	9	1	8	3	4	7
7	4	3	5	2	6	1	9	8

Puzzle # 84

5	9	1	2	8	4	3	7	6
7	4	8	3	6	1	9	5	2
3	2	6	5	7	9	4	8	1
4	3	2	8	1	7	5	6	9
1	8	7	6	9	5	2	3	4
9	6	5	4	3	2	8	1	7
2	7	3	9	5	6	1	4	8
6	5	4	1	2	8	7	9	3
8	1	9	7	4	3	6	2	5

Puzzle # 85

5	3	4	2	8	6	1	7	9
6	8	9	7	5	1	3	2	4
2	7	1	3	9	4	5	6	8
8	4	5	1	2	7	6	9	3
9	1	3	4	6	8	2	5	7
7	6	2	5	3	9	8	4	1
1	5	8	9	7	2	4	3	6
4	2	7	6	1	3	9	8	5
3	9	6	8	4	5	7	1	2

Puzzle # 86

4	1	3	5	8	7	2	9	6
9	8	6	3	4	2	1	5	7
2	5	7	1	6	9	3	4	8
3	9	8	2	5	1	6	7	4
5	7	4	6	9	3	8	1	2
6	2	1	4	7	8	9	3	5
1	4	9	8	2	5	7	6	3
8	3	5	7	1	6	4	2	9
7	6	2	9	3	4	5	8	1

Puzzle # 87

8	7	1	2	3	5	6	4	9
9	4	5	1	7	6	8	3	2
2	6	3	9	8	4	7	1	5
3	8	9	7	1	2	5	6	4
4	2	7	6	5	3	1	9	8
5	1	6	8	4	9	2	7	3
7	3	2	5	9	1	4	8	6
1	5	4	3	6	8	9	2	7
6	9	8	4	2	7	3	5	1

Puzzle # 88

6	9	4	7	1	3	8	5	2
5	3	8	2	6	9	1	4	7
2	7	1	5	8	4	6	3	9
4	8	5	3	7	6	9	2	1
9	2	7	8	4	1	5	6	3
3	1	6	9	2	5	4	7	8
7	6	9	1	5	2	3	8	4
8	5	3	4	9	7	2	1	6
1	4	2	6	3	8	7	9	5

Puzzle # 89

7	3	2	6	1	8	9	5	4
5	6	8	4	2	9	7	1	3
4	9	1	7	5	3	6	8	2
1	4	6	9	3	5	2	7	8
3	8	7	2	4	1	5	6	9
2	5	9	8	6	7	4	3	1
8	2	5	3	9	6	1	4	7
6	7	4	1	8	2	3	9	5
9	1	3	5	7	4	8	2	6

Puzzle # 90

4	8	3	5	9	6	7	1	2
6	1	7	4	2	3	8	9	5
9	5	2	1	7	8	6	4	3
3	6	5	2	4	7	9	8	1
7	9	1	8	6	5	3	2	4
2	4	8	9	3	1	5	6	7
8	3	4	7	1	9	2	5	6
1	7	9	6	5	2	4	3	8
5	2	6	3	8	4	1	7	9

Puzzle # 91

5	9	2	6	7	3	8	4	1
7	4	6	2	1	8	3	9	5
3	8	1	9	5	4	6	2	7
4	5	3	8	9	7	2	1	6
6	1	7	3	2	5	4	8	9
9	2	8	1	4	6	5	7	3
8	6	4	7	3	1	9	5	2
1	3	9	5	8	2	7	6	4
2	7	5	4	6	9	1	3	8

Puzzle # 92

7	3	9	8	4	6	5	1	2
4	8	6	2	5	1	7	9	3
1	5	2	7	9	3	6	4	8
9	2	7	1	6	5	8	3	4
3	6	8	4	7	2	1	5	9
5	1	4	9	3	8	2	7	6
2	4	5	6	1	9	3	8	7
8	7	3	5	2	4	9	6	1
6	9	1	3	8	7	4	2	5

Puzzle # 93

9	1	5	4	8	3	2	6	7
4	7	2	5	6	1	3	8	9
6	3	8	9	7	2	4	1	5
3	4	7	1	9	6	8	5	2
5	9	1	3	2	8	7	4	6
8	2	6	7	4	5	1	9	3
7	8	9	2	5	4	6	3	1
1	5	4	6	3	7	9	2	8
2	6	3	8	1	9	5	7	4

Puzzle # 94

6	7	1	4	3	5	8	2	9
4	8	2	7	9	1	6	5	3
3	5	9	6	2	8	7	4	1
8	9	5	2	1	6	3	7	4
1	3	6	8	4	7	2	9	5
7	2	4	9	5	3	1	8	6
9	1	3	5	7	2	4	6	8
5	6	7	3	8	4	9	1	2
2	4	8	1	6	9	5	3	7

Puzzle # 95

8	4	6	5	3	9	1	7	2
2	5	3	4	7	1	8	6	9
9	1	7	8	2	6	3	5	4
5	3	2	1	6	7	9	4	8
6	8	9	2	4	3	7	1	5
4	7	1	9	5	8	2	3	6
3	2	8	6	1	4	5	9	7
7	6	5	3	9	2	4	8	1
1	9	4	7	8	5	6	2	3

Puzzle # 96

9	7	8	5	6	1	3	4	2
3	6	1	4	2	9	7	8	5
2	5	4	7	8	3	9	6	1
4	8	6	9	1	2	5	3	7
5	3	2	8	7	4	1	9	6
7	1	9	6	3	5	8	2	4
8	4	5	2	9	7	6	1	3
6	2	3	1	5	8	4	7	9
1	9	7	3	4	6	2	5	8

Puzzle # 97

7	5	1	4	2	3	8	6	9
3	2	9	6	8	7	1	5	4
8	6	4	9	5	1	2	7	3
6	9	2	5	7	4	3	8	1
1	7	5	2	3	8	4	9	6
4	8	3	1	9	6	5	2	7
9	4	6	8	1	5	7	3	2
5	1	7	3	6	2	9	4	8
2	3	8	7	4	9	6	1	5

Puzzle # 98

1	2	9	4	3	8	5	7	6
6	7	4	1	5	9	2	8	3
5	8	3	6	7	2	4	1	9
7	6	1	5	8	4	3	9	2
3	4	8	9	2	1	6	5	7
2	9	5	3	6	7	8	4	1
4	3	7	2	9	5	1	6	8
8	1	6	7	4	3	9	2	5
9	5	2	8	1	6	7	3	4

Puzzle # 99

2	8	7	4	5	3	6	9	1
9	3	4	1	7	6	2	5	8
5	1	6	9	8	2	7	4	3
4	5	3	2	9	8	1	6	7
7	6	8	3	1	4	5	2	9
1	2	9	5	6	7	3	8	4
8	7	5	6	3	9	4	1	2
6	9	2	7	4	1	8	3	5
3	4	1	8	2	5	9	7	6

Puzzle # 100

6	9	2	8	1	4	5	3	7
7	4	1	5	3	2	8	9	6
8	3	5	6	7	9	4	1	2
1	7	8	9	2	5	3	6	4
2	5	4	1	6	3	7	8	9
9	6	3	7	4	8	2	5	1
3	2	9	4	8	1	6	7	5
5	8	7	2	9	6	1	4	3
4	1	6	3	5	7	9	2	8